TABELLEN FÜR DEN KONSTRUKTEUR
VON
RICHARD ZAWADZKI
1947

LEIBNIZ VERLAG (BISHER R. OLDENBOURG VERLAG) MÜNCHEN

Im gleichen Verlag erscheinen unter Lizenz Nr. US-E-179
Formeln und Werte für den Konstrukteur von Rich. Zawadzki
Berechnungsbeispiele für den Konstrukteur von Rich. Zawadzki
Sachverzeichnis für Formeln, Werte und Tabellen von Rich. Zawadzki

INHALTSVERZEICHNIS

Druck: R. Oldenbourg, Graphische Betriebe G. m. b. H., München

Tab. 1 bis 31. Festigkeitseigenschaften. Spez. Gew. Tab. 45

σ_B Zugfestigkeit	σ_D Dauerstandfest.	σ_{bW} Biegeschwingfestigkeit	gw = gewalzt
σ_{dB} Druckfestigkeit	δ_{10} Bruchdehnung	σ_{zW} Zug-, Druckschwingfstk.	gz = gezogen
τ_B Schubfestigkeit	$l = 10\,d$	τ_{tW} Verdr. Schwingfestigkeit	ub = unbehandelt
σ_{bB} Biegungsfestigk.	w = weich	gk = geknetet	gp = gepreßt	vg = vergütet
σ_{dF} Quetschgrenze	h = hart	gl = geglüht	gs = geschmied.	KG = Kokillenguß
σ_F Streckgrenze	gh = gehärtet	gg = gegossen	gt = getempert	SG = Sandguß

Tab. 1 — Zulässige Nennspannungen nach C. Bach

Beanspruchung: I=ruhende, II=schwellende, III=schwingend. Belastung.	in kg/mm²	St 37·11	St 50·11	Stg45·81	Ge 6·91	Ge 26·91	Ausgehärtet Silumin	Ausgehärtet Duralumin
	Zug I	10,0–15,0	14,0–21,0	10,0–15,0	3,5–4,5	6,5–8,5	3,0–5,0	11,0–16,0
1) Werte f. rechteckg. F. Kreis- Q. +20%. F. dopp. T.-Q. — 20%.	$\sigma_z$zul. II	6,5–9,5	9,0–13,5	6,5–9,5	2,7–3,7	5,0–6,7	1,6–2,8	5,0–7,0
	III	4,5–7,0	6,5–9,5	4,5–7,0	2,0–3,0	3,5–5,0	1,3–2,0	3,5–5,5
	Druck I	10,0–15,0	14,0–21,0	11,0–16,5	8,5–11,5	16,0–21,5	4,0–6,0	11,0–16,0
2) F.bearb.Kr.-Q. sonst +0÷20% F.ellipt.+0÷25%	$\sigma_d$zul. II	6,5–9,5	9,0–13,5	7,0–10,5	5,5–7,5	10,0–13,5	2,0–2,4	5,0–7,0
	III	4,5–7,0	6,5–9,5	4,5–7,0	2,0–3,0	3,5–5,0	1,3–2,0	3,5–5,5
	Biegg. I	11,0–16,5	15,0–22,0	11,0–16,5	5,0–7,0 [1]	10,5–13,5 [1]	3,5–5,0	12,0–17,5
F. quadr. + 40% Für rechteckig + 40—60%.	$\sigma_b$zul. II	7,0–10,5	10,0–15,0	7,0–10,5	3,5–5,0 [1]	6,5–9,0 [1]	2,0–2,8	5,0–7,0
	III	5,0–7,5	7,0–10,5	5,0–7,5	2,5–3,5 [1]	4,0–6,0 [1]	1,4–2,1	3,5–5,5
	Drehg. I	6,5–9,5	8,5–12,5	6,5–9,5	4,0–5,5 [2]	7,5–10,0 [2]	2,5–3,5	6,5–9,5
	$\tau_t$zul. II	4,0–6,0	5,5–8,5	4,0–6,0	3,0–4,0 [2]	5,5–7,5 [2]	1,6–2,8	3,2–4,8
	III	4,5–4,5	4,0–6,0	3,0–4,5	2,0–3,0 [2]	3,5–5,0 [2]	0,8–1,5	2,2–3,2

Tab. 2 — Festigkeitswerte für Stahl und Gußeisen

	Zustand	E kg/mm²	G kg/mm²	σ_F kg/mm²	σ_B kg/mm²	$\dfrac{\sigma_{dF}}{()\,\sigma_{dB}}$ kg/mm²	σ_{bW} kg/mm²	τ_{tW} kg/mm²
St 37·11	normal	20000–21500	8000–8500	26	37–45	26	18–22	11–14
St 50·11	normal	20000–21500	8000–8500	27	50–60	27	25–28	12–17
Baustahl St 52	normal	20000–21500	8000–8500	34	52–64	34	30–32	18–20
unleg. StC 45·61	vergüt.	20000–21500	8000–8500	39–47	65–75	39–47	30–34	17–21
legiert VCN 35	vergüt.	20000–21500	8000–8500	66–78	90–105	66–78	40–47	22–27
Federst. Mn-Si	gehärt.	20000–21500	8000–8500	65–115	90–135	65–115	42–62	25–36
Stahlguß unleg.	geglüht	20000–21500	8000–8500	22	45	22	20	12
Gußeisen Ge 12	ub	7500–4000	3200–2200	—	12	(60)	6	4,5
„ Perlit, Ge 26·91	ub	13000–11000	5200–4500	—	26	(90)	12	10
Temperguß	getemp.	17000	6800	19–21	35–38	19–21	13–15	8,5–10

Tab. 3 — Schubfestigkeit nach Friedr. Krupp AG. 1929
$\tau_B = \mu_1 \sigma_B$.
Für Gußeisen ist $\mu_1 = 1,02$ bis $1,17 \sim 1,10$. — Für Flußstahl ist $\mu_1 = 0,84$ bis $0,87$.

Tab. 4 — Gußeisen, Stahlguß bei Raumtemperatur () Biegefestigkeit

in kg/mm²	Beh.	$\sigma_F>$	$\sigma_B>$	σ_{bW}	τ_{tW}	$\delta_{10}\%$
Perl. GE26·91	—	—	26 (46)	12	10	—
Stg 38·81	gl	18	38	18	11	20–27
Stg 45·81	gl	22	45	20	12	10–25
Stg 52·81	gl	25	52	22	12,5	12–22
Stg 60·81	gl	28	60	23,5	13	8–20
Te 32·92	gl	18	32	13	8,5	2
Te 38·92	gt	21	38	15	10	4
Te 35·92	gt	19	35	13	8,5	9

Tab. 5 — Maschinenbaustähle bei Raumtemperatur

in kg/mm²	Beh.	$\sigma_F>$	σ_B	σ_{bW}	τ_{tW}	$\delta_{10}\%>$
St 00·11	gw		—	—	—	—
St 37·11	gw	26	37–45	18–22	11–14	25
St 34·11	gl	19	34–42	16–20	10–13	25
St 42·11	gl	23	42–50	20–24	11–14	20
St 50·11	gl	27	50–60	23–28	12–17	18
St 60·11	gl	30	60–70	28–38	16–20	14
St 70·11	gl	35	70–85	33–40	24–30	10
fest. St 52	gw	34	52–64	30–32	18–20	16

Tab. 6 — Vergütete Federstähle bei Raumtemperatur

in kg/mm²	% Zus.-Setzung	σ_F	σ_B	σ_{bW}	τ_{tW}	σ_{zW}	$\delta_{10}\%$
Mn-Federstahl	2 Mn	95–120	120–145	50–58	28–32	34–39	10–6
Si- „	2 Si	105–135	120–150	55–66	30–36	38–45	10–5
Si-Mn- „	1 Si 1 Mn	65–115	90–135	42–62	25–36	28–44	12–4
Cr-Si- „	1 Cr 1 Si	105–145	120–160	54–68	30–39	36–46	10–6
Cr-Mn- „	1 Cr 1 Mn	105–135	120–150	54–66	30–38	36–45	10–6
Cr-V- „	1,0 Cr 0,1 V	110–135	135–155	52–61	29–35	34–42	9–5

Tab. 7 Vergütungsstähle bei Raumtemperatur

in kg/mm²	σ_F	σ_B	σ_bW	τ_tW	δ_10 %	in kg/mm²	σ_F	σ_B	σ_bW	τ_tW	δ_10 %
StC 25·61	28-35	47-55	22-27	12-17	23-19	VCN 35·62w	56-68	75-90	36-42	20-24	14-10
StC 35·61	33-40	55-65	26-31	15-19	20-17	VCN 35·62h	66-78	90-105	40-47	22-27	12-8
StC 45·61	39-47	65-75	30-34	17-21	18-14	VCN 45·62w	75-92	100-115	45-52	25-30	10-6
StC 60·61	45-55	75-90	34-41	19-26	15-10	VCMo125·63	43-53	65-80	32-39	18-23	16-12
VCN 15·62w	42-53	65-75	32-37	18-21	16-13	VC 135·63	49-60	75-90	36-44	20-25	12-8
VCN 15·62h	52-60	75-85	36-40	20-23	15-12	VCMo135·63	56-72	80-100	38-50	21-39	12-8
VCN 25·62w	49-60	70-85	34-40	19-23	14-10	VCMo140·63	70-89	95-110	46-54	26-31	10-6
VCN 25·62h	56-66	80-95	38-44	21-25	12-8	VCMo240·63	86-105	110-130	54-62	31-37	9-5

Tab. 8 Bauteile im Hochbau nach DIN 1050 in kg/cm²

1 = Hauptkräfte. 2 = dazu Zusatzkräfte
¹) Lochquerschnitt, ²) Kernquerschnitt, ³) Schaft.

Bauteile			Bei vollwertigen Trägern, Fachwerken und Stützen aus					Werkstoff für Niete, Schrauben, Anker
			St 00·12	St 37·12		St 52		
				Belastungsfall				
			1 u. 2	1	2	1	2	
Bauteile	Zug und Biegung	σ zul	1200	1400	1600	2100	2400	
	Schub	τ zul	960	1120	1280	1680	1900	
Nietverbindungen	Abscheren	τ_a zul	1200	1400	1600	2100*	2400*	St 34·11
	Lochleibungsdruck	σ_l zul¹)	2400	2800	3200	4200*	4800*	* St 44
Schrauben-Verbindungen eingep. Schr.	Abscheren	τ_a zul¹)	960	1120	1280	1680	1920	
	Lochleibungsdruck	σ_l zul¹)	2400	2800	3200	4200	4800	
	Zug	σ_z zul²)	850	1000	1100	1500	1700	
desgl. rohe Schrauben	Abscheren	τ_a zul²)	1000	1000	1100	1000	1100	St 38·13
	Lochleibungsdruck	σ_l zul²)	1600	1600	1800	1600	1800	St 38·13
	Zug	σ_z zul²)	1000	1000	1100	1000	1100	St 38·13
Ankerschrauben u. -bolzen	Zug	σ_z zul	850	550	550	850	850	St 00·12
			1000	1000	1100	1000	1100	St 37·12
			1500	1500	1500	1500	1700	St 52

Tab. 9 Nutzhölzer bei Lufttrockenheit u ≈ 15%

Mittelwerte in kg/cm²	Raumgewicht g/cm³	E ∥	E ⊥	Druck σ_dB ∥	Druck σ_dB ⊥	Zug σ_zB ∥	Zug σ_zB ⊥	Biegung σ_bB ∥	Scherug. τ_s ∥	Scherug. τ_s ⊥	Bruchschlagarbeit a
Fichte	0,47	110000	5500	430	58	900	27	660	67	260	0,50
Kiefer	0,52	120000	4600	470	77	1040	30	870	100	210	0,70
Birke	0,65	165000	8000	430	90	1370	70	1250	120	—	1,00
Eiche	0,69	130000	10000	540	105	900	40	910	110	320	0,75
Esche	0,72	120000	11000	480	105	1040	70	1020	65	—	0,80
Linde	0,53	74000	2500	440	—	850	125	900	45	215	0,50
Rotbuche	0,73	160000	15400	525	90	1350	70	1050	80	340	0,80
Weißbuche	0,83	130000	—	660	—	1070	—	1070	85	320	0,80

Tab. 10 Druckfestigkeit für lufttrockene Mauerziegel

Normalformat 25 × 12 × 6,5 cm
Gewicht für einen Stein 2,28 kg
Wasserbauklinker σ_d = 350 kg/cm² mittel
Mauerklinker σ_d = 350 „ „
Hartbrandziegel σ_d = 250 „ „
Mauerziegel I. Kl. σ_d = 150 „ „
Mauerziegel II. Kl. σ_d = 100 „ „

Tab. 11 Zulässige Spannungen für Bauholz nach DIN 1052 in kg/cm²

	Nadelh.	Eiche Buche
Druck in Faserrichtung	80	100
Biegung	90-100	110
Zug in Faserrichtung	90	105
Druck rechtw. zur Faser	20	40
desgl. mit kleinem Eindruck	30	50
Abscheren in Faserrichtg.	12	20

Tab. 12 Baugrund kg/cm²

Feiner Sand, nicht dicht gelagert	σ_d zul 1,5-2,5
Sehr fester dichter Sand	σ_d zul 6,5-7,5
trock. fester, bis. Grund ohne Ton	σ_d zul 2,5-5,0
lehmiger Boden mit 30-70% Sand	σ_d zul 0,8-1,6
fester Ton mit feinem Sand	σ_d zul 4,0-5,0
fester, schiefriger, feiner Schotter	σ_d zul 6,5-8,7
fester Fels	σ_d zul 9-20

Tab. 13 Zul. Druck- und Biegespannungen für Beton DIN 1045

in kg/cm²	σ_d zul	min W_b 28
Mit Handelszement	40	120
mit hochw. Zement	50	160
Bei Würfelfestigkeit W_b		160
und bes. Bedingungen	28/3	
jedoch höchstens	65	195

Tab. 14 Kupfer u. Kupferlegierungen

in kg/mm²	Zu-st.	E kg/mm²	$\delta_{0,2}$	δ_B	δ_{bW}	τ_{tW}
Kupfer rein	gg			15–20	5	3
do.	gk	11500	~13	15–30	7–11	4–6
do.	gz	12500	~35	35–45	12	5
Messing Ms 63	gg	8000	5	15	6,5	3,8
do.	gl		10	32–42	13	7,5
do.	gw		28	47–60	25	14
Sond.-Mess.	gg	10000	10	30–60	7	4
Rotguß	gg	9000	3	15–20	3,5	25
Zinnbronze	gg	12000	3	15–20	3,5	2,5
Mang.Bronze	gg	9–12000	10	30–35	7	4
Alum.Bronze	gg		15	35–45	8	5
Blei-Zinn ,,	gg		5	15–18	4	3
Sond. Bronze	gs	12000	15	50–80	12	7

Tab. 15 Bronzen und Rotguß

DIN 1705 kg/mm²	Cu	Sn	sonst	Zu-stand	$\delta_{0,2}$	δ_B
Zinn-Bronze G 20	80	20	—	gg	5	15
Phosphor-Bz 14	86	14		gg	6,5	20
Phosphor-Bz 10	90	10		gg	6	20
Rotguß Rg 10	86	10	4 Zn	gk	6	20
Rotguß Rg 4	93	4	2 Zn 1 Pb	gg	6	20
Blei-Zinn BlBz10	86	10	4 Pb	Schl.	5,5	18
Blei-Zinn BlBz 8	80	8	12 Pb	Guß	5	15
Al.-Guß Bz 9	91			gg	10	35
Knetle- AlBz 4	96		4 Al	w	10	~34
gierung				h	28	~49
,, AlBz	91		9 Al	w	12	~45
,, AlMBz~	79	9		gk	18	~55

Tab. 16 Beryllium-Legierungen

kg/mm²	Vorbehandlg.	σ_F	σ_B	E	Bri. H_B	δ_{20} %
Cu	w abgeschr.	33,8	62	11800	105	22,8
Be	w vergütet	62,4	87,6	13200	280	7,03
2,5%	h kaltgew.	77,8	81		265	0,38
Be	h vergütet	107	123,3		365	4,12
Ni Be	w abgeschr.	35,9	81,1	17500	140	41,7
1,7	w vergütet	76,6	123,9	18300	365	19,7
%	h kalt gew.	147,7	151,4	18000	350	0,8
Be	h vergütet	150	182,5	19000	460	7,0

Tab. 21 Geschichtete Preßstoffe

in kg/cm²	σ_b	Schlag	σ_d	σ_z	Sp. bk.	spez. Gew.
Hart- Kl. I	1300	25	1000	1000	200	<1,42
papier- Kl. II	1500	25	1500	1200	200	<1,42
Platt. Kl. III	1300	15	—	1000	—	<1,42
Kl. IV	800	8	—	700	—	<1,42
Hartgew. G	1000	25	2000	500	300	<1,42
Platten F	1300	30	2000	800	250	<1,42
Rundrohr	800		400	500		<1,05
,, gepr.			700			<1,15
Vollstäbe	1000	15	800	500		<1,3
Flachleist.	800	15	500	500		<1,15

Tab. 17 Leichtmetalle

kg/mm²	E	G	δ_{10}	σ_B	σ_{bW}
Duralumin w	6900	2700	25–15	16–22	7,5–10
,, Knetleg. gh	7200	2800	24–8	34–52	13–21
Al-Cu-Mg-Knlg...	7200	2800	15–5	42–58	16–23
BS-Seewass. w	6900	2700	25–15	20–40	9–18
,, Al-Mg-Knlg. ag	6900	2700	15–10	25–48	12–22
Silumin SG	7600	3000	8–4	17–20	6–7
Guß-Leg. KG	7600	3000	5–3	23–25	8–8,5
Al-Kolb.- Leg. SG	7300	2900	1–0,5	18–20	6,5–7
SG ag	7300	2900	0,8–0,3	24–27	8–9,5
KG	7300	2900	1–0,5	19–21	6,5–7,5
Magnesium ub	4300	1800	18–9	24–29	10–11
Knet-Leg. hom	4500	1800	12–16	32–38	12–13
Mg-Al ag	4500	1800	6–2	36–43	13–14
Magnesium SG	4300	1800	6–3	16–20	7–8
Guß-Leg. hom	4400	1800	12–5	23–29	8–10
ag	4400	1800	5–1	24–29	8–10

hom = homogenisiert; ag = ausgehärtet

Tab. 18 Zink- und Zinnlegierungen

in kg/mm²	Zustand	σ_B	δ_{10} %
Zink rein	geknetet	19–25	40–20
,, Gußlegierg.	Sand-G	22–24	1–0,5
,, ,,	Kok.-G	22–25	1,5–1
,, ,,	Spritz-G	27–35	7–4
,, Knetlegierg.	Preßlge.	36–50	8–4
,, ,,	gewalzt	25–50	30–15
Zinn-Leg. DIN 1742	Spritz. 78	11,5	2,5
,, ,,	,, 70	10	1,1
,, ,,	,, 50	8	1,9

Tab. 19 Nichtmetalle in kg/cm²

Hartgummi (Ebonit) $\sigma_B = 550$ $\sigma_{dB} = 870$
$\sigma < 108$ $E = 2630$
Papier $\sigma_B = 40 - 180$. gel. Lagen $\sigma_B = 1000$

Tab. 20 Nicht geschicht. Preßstoffe

in kg/cm²	Typ	σ_b	Schlag	σ_d	σ_z	E	spez. Gew.
anorg. Füllstoff	l_1	500	3,5	1200	150	60–150	1,8
	l_2	500	3,5	1200	250	90–150	1,8
	M	700	15	1200	250	90–160	1,8
Holzm.	S	700	6	2000	250	55–80	1,4
Textilfaser	T_1	600	6	1400	250	50–90	1,4
	T_2	600	12	1400	250	70–100	1,4
	T_3	800	25	1200	500	40–90	1,4
Zellst.	Z_1	600	5	1400	250	40–80	1,4
	Z_2	800	8	1000	250	60–100	1,4
	Z_3	1200	15	1600	800	80–130	1,4
Harnst.	K	600	5	1800	250	50–85	1,5

(Phenolharz: anorg. Füllstoff, Holzm., Textilfaser, Zellst.)

Tab. 22 Schweißnähte, zulässige Spannungen im Stahlhochbau nach kg/cm² DIN 1051

Stumpfnaht Zug 0,75 σ_{zul} Biegung 0,8 σ_{zul}
,, Druck 0,85 σ_{zul} Abscher. 0,65 σ_{zul}
Kehlnähte (Stirn- und Flankennähte) } jede Art 0,65 σ_{zul}

Normalprofile für Walzeisen (* unvollständig)

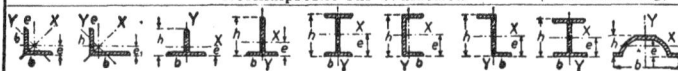

Tab. 23   Tab. 24   Tab. 25   Tab. 26   Tab. 27   Tab. 28   Tab. 29   Tab. 30   Tab. 31

Tab. 23* Gleichschenklg. ∟-Eisen

Höhe h mm	Breite b mm	Dicke d mm	e cm	F cm²	G kg	J_x cm⁴	W_x cm³
15	15	3	0,48	0,82	0,64	0,15	0,15
		4	0,51	1,05	0,82	0,19	0,19
20	20	3	0,60	1,12	0,88	0,39	0,28
		4	0,64	1,45	1,14	0,48	0,35
25	25	3	0,73	1,42	1,12	0,79	0,45
		4	0,76	1,85	1,45	1,01	0,58
		5	0,80	2,26	1,77	1,18	0,69
30	30	3	0,84	1,74	1,36	1,41	0,65
		4	0,89	2,27	1,78	1,81	0,86
		5	0,92	2,78	2,18	2,16	1,04
35	35	4	1,00	2,67	2,10	2,96	1,18
		6	1,08	3,87	3,04	4,14	1,71
40	40	4	1,12	3,08	2,42	4,48	1,56
		5	1,16	3,79	2,97	5,43	1,91
		6	1,20	4,48	3,52	6,33	2,26
45	45	5	1,28	4,30	3,38	7,83	2,43
		7	1,36	5,86	4,60	10,4	3,31
50	50	5	1,40	4,80	3,77	11,0	3,05
		6	1,45	5,69	4,47	12,8	3,61
		7	1,49	6,56	5,15	14,6	4,15
		9	1,56	8,24	6,47	17,9	5,20
55	55	6	1,56	6,31	4,95	17,3	4,40
		8	1,64	8,23	6,46	22,1	5,72
		10	1,72	10,1	7,90	26,3	6,97
60	60	6	1,69	6,91	5,42	22,8	5,29
		8	1,77	9,03	7,09	29,1	6,88
		10	1,85	11,1	8,69	34,9	8,41
65	65	7	1,85	8,70	6,83	33,4	7,18
		9	1,93	11,0	8,62	41,3	9,04
		11	2,00	13,2	10,3	48,8	10,8
70	70	7	1,97	9,40	7,38	42,4	8,43
		9	2,05	11,9	9,34	52,6	10,6
200	200	20	5,68	76,4	59,9	2850	199

Tab. 24* Ungleichschenkeliges ∟-Eisen

h mm	b mm	d mm	e cm	e_1 cm	F cm²	G kg	J_x cm⁴	W_x cm³	J_y cm⁴	W_y cm³
20	30	3	0,99	0,50	1,42	1,11	1,25	0,62	0,44	0,29
		4	1,03	0,54	1,85	1,45	1,59	0,81	0,55	0,38
		5	1,07	0,58	2,26	1,77	1,90	0,99	0,66	0,46
20	40	3	1,43	0,44	1,72	1,35	2,79	1,08	0,47	0,30
		4	1,47	0,48	2,25	1,77	3,59	1,42	0,60	0,39
30	45	3	1,43	0,70	2,19	1,72	4,48	1,46	1,60	0,70
		4	1,48	0,74	2,87	2,25	5,78	1,91	2,05	0,91
		5	1,52	0,78	3,53	2,77	6,99	2,35	2,47	1,11
30	60	5	2,15	0,68	4,29	3,37	15,6	4,04	2,60	1,12
		7	2,24	0,76	5,85	4,59	20,7	5,50	3,41	1,52
40	60	5	1,96	0,97	4,79	3,76	17,2	4,25	6,11	2,02
		6	2,00	1,01	5,68	4,46	20,1	5,03	7,12	2,38
		7	2,05	1,06	6,55	5,14	23,0	5,79	8,07	2,74
40	80	4	2,76	0,80	4,69	3,68	31,1	5,93	5,32	1,66
		6	2,85	0,88	6,89	5,41	44,9	8,73	7,59	2,44
		8	2,95	0,95	9,01	7,07	57,6	11,4	9,68	3,18
50	65	5	1,99	1,25	5,54	4,35	23,1	5,11	11,9	3,18
		7	2,07	1,33	7,60	5,97	31,0	6,99	15,8	4,31
		9	2,15	1,41	9,58	7,52	38,2	8,77	19,4	5,39
50	100	6	3,49	1,04	8,73	6,85	89,7	13,8	15,3	3,86
		8	3,59	1,13	11,5	8,99	116	18,0	19,5	5,04
		10	3,67	1,20	14,1	11,1	141	22,2	23,4	6,17
55	75	5	2,31	1,33	6,30	4,95	35,5	6,84	16,2	3,89
		7	2,40	1,41	8,66	6,80	47,9	9,39	21,8	5,32
		9	2,47	1,48	10,9	8,59	59,4	11,8	26,8	6,66
60	90	6	2,89	1,41	8,69	6,82	71,7	11,7	25,8	5,61
		8	2,97	1,49	11,4	8,96	92,5	15,4	33,0	7,31
		10	3,05	1,56	14,1	11,0	112	18,8	39,6	8,92
65	75	6	2,19	1,70	8,11	6,37	44,0	8,30	30,7	6,39
		8	2,28	1,78	10,6	8,34	56,7	10,9	39,4	8,34
		10	2,35	1,86	13,1	10,3	68,4	13,3	47,3	10,2
65	80	6	2,39	1,65	8,41	6,60	52,8	9,41	31,2	6,44
100	200	18	7,29	2,34	51	40	2060	162	347	45,3

Tab. 25* Breitfüßiges ⊥-Eisen $b:h=2:1$

h mm	b mm	d mm	e cm	F cm²	G kg	J_x cm⁴	W_x cm³	J_y cm⁴	W_y cm³
30	60	5,5	0,67	4,64	3,64	2,58	1,11	8,62	2,87
35	70	6,0	0,77	5,94	4,66	4,49	1,65	15,1	4,31
40	80	7,0	0,88	7,91	6,21	7,81	2,50	28,5	7,13
45	90	8,0	1,00	10,2	8,01	12,7	3,63	46,1	10,2
50	100	8,5	1,09	12,0	9,42	18,7	4,78	67,7	13,5
60	120	10,0	1,30	17,0	13,4	38,0	8,09	137	22,8
70	140	11,5	1,51	22,8	17,9	68,9	12,6	258	36,9
80	160	13,0	1,72	29,5	23,2	117	18,6	422	52,8
90	180	14,5	1,93	37,0	29,1	185	26,2	670	74,4
100	200	16,0	2,14	45,4	35,6	277	35,2	1000	100

Tab. 26* Hochstetiges ⊥-Eisen $h:b=1:1$

h mm	d mm	e cm	F cm²	G kg	J_x cm⁴	W_x cm³	J_y cm⁴	W_y cm³
15	3,0	0,46	0,82	0,65	0,15	0,14	0,08	0,11
20	3,0	0,58	1,12	0,88	0,38	0,27	0,20	0,20
25	3,5	0,73	1,64	1,29	0,87	0,49	0,43	0,34
30	4,0	0,85	2,26	1,77	1,72	0,80	0,87	0,58
35	4,5	0,99	2,97	2,33	3,10	1,23	1,57	0,90
40	5,0	1,12	3,77	2,96	5,28	1,84	2,58	1,29
45	5,5	1,26	4,67	3,67	8,13	2,51	4,01	1,78
50	6,0	1,39	5,66	4,44	12,1	3,36	6,06	2,42
60	7,0	1,66	7,94	6,23	23,8	5,48	12,2	4,07
160	15,0	4,20	45,8	35,9	1010	85,5	490	61,3

Tab. 27. I-Eisen

h mm	b mm	d mm	F cm²	G kg	J_x cm⁴	W_x cm³	J_y cm⁴	W_y cm³
80	42	3,9	7,57	5,95	77,8	19,5	6,29	3,00
100	50	4,5	10,6	8,32	171	34,2	12,2	4,88
120	58	5,1	14,2	11,2	328	54,7	21,5	7,41
140	66	5,7	18,3	14,4	573	81,9	35,2	10,7
160	74	6,3	22,8	17,9	935	117	54,7	14,8
180	82	6,9	27,9	21,9	1450	161	81,3	19,8
200	90	7,5	33,5	26,3	2140	214	117	26,0
220	98	8,1	39,6	31,1	3060	278	162	33,1
240	106	8,7	46,1	36,2	4250	354	221	41,7
260	113	9,4	53,4	41,9	5700	442	228	51,0
280	119	10,1	61,1	48,0	7590	542	364	61,2
300	125	10,8	69,1	54,2	9800	653	451	72,2
320	131	11,5	77,8	61,1	12510	782	555	84,7
340	137	12,2	86,8	68,1	15700	923	674	98,4
360	143	13,0	97,1	76,2	19600	1090	818	114
380	149	13,7	107	84,0	24010	1260	975	131
400	155	14,4	118	92,6	29210	1460	1160	149
450	170	16,2	147	115	45850	2040	1730	203
500	185	18	180	141	68740	2750	2480	268
550	200	19	213	167	99180	3610	3490	349

Tab. 28. U-Eisen

h mm	b mm	d mm	e cm	F cm²	G kg	J_x cm⁴	W_x cm³	J_y cm⁴	W_y cm³
30	33	5	1,31	5,44	4,27	6,39	4,26	5,33	2,68
40	35	5	1,33	6,21	4,87	14,1	14,1	6,68	3,08
50	38	5	1,37	7,12	5,59	26,4	10,6	9,12	3,75
65	42	5,5	1,42	9,03	7,09	57,5	17,7	14,1	5,07
80	45	6	1,45	11,0	8,64	106	26,5	19,4	6,36
100	50	6	1,55	13,5	10,6	206	41,2	29,3	8,49
120	55	7	1,60	17	13,4	364	60,7	43,7	11,1
140	60	7	1,75	20,4	16	605	86,4	62,7	14,8
160	65	7,5	1,84	24	18,8	925	116	85,3	18,3
180	70	8	1,92	28	22	1350	150	114	22,4
200	75	8,5	2,01	32,2	25,3	1910	191	148	27
220	80	9	2,14	37,4	29,4	2690	245	197	33,6
240	85	9,5	2,23	42,3	33,2	3600	300	248	39,6
260	90	10	2,36	48,3	37,9	4820	371	317	47,7
280	95	10	2,53	53,3	41,8	6280	448	399	57,2
300	100	10	2,7	58,8	46,2	8030	535	495	67,8
320	100	14	2,6	75,8	59,5	10870	679	597	80,6
350	100	14	2,4	77,3	60,6	12840	734	570	75,0
400	110	14	2,65	91,5	71,8	20350	1020	846	102
140	40	4	1,02	9,9	7,78	285	40,6	12,5	4,25

Tab. 29. Z-Eisen

h mm	b mm	d mm	F cm²	G kg	J_x cm⁴	J_y cm⁴
30	38	4	4,32	3,39	18,1	1,54
40	40	4,5	5,43	4,26	28	3,05
50	43	5	6,77	5,31	44,9	5,23
60	45	5	7,91	6,21	67,2	7,60
80	50	6	11,1	8,71	142	14,7
100	55	6,5	14,5	11,4	270	24,6
120	60	7	18,2	14,3	470	37,7
140	65	8	22,9	18,0	768	56,4
160	70	8,5	27,5	21,6	1184	79,5
180	75	9,5	33,3	26,1	1759	110
200	80	10	38,7	30,4	2509	147

Tab. 30. Breitflanschige I-Eisen

h mm	b mm	d mm	F cm²	G kg	J_x cm⁴	W_x cm³	J_y cm⁴	W_y cm³
100	100	6,5	26,1	20,5	447	89,3	167	33,4
120	120	7	34,3	26,9	864	144	317	52,9
140	140	8	44,1	34,6	1520	217	550	78,6
160	160	9	58,4	45,8	2630	329	958	120
180	180	9	65,8	51,6	3830	426	1360	151
200	200	10	82,7	64,9	5950	595	2140	214
220	220	10	91,1	71,5	8050	732	2840	258
240	240	11	111	87,4	11690	974	4150	346
260	260	11	121	94,8	15050	1160	5280	406
280	280	12	144	113	20720	1480	7320	523
300	300	12	154	121	25760	1720	9010	600
320	300	13	171	135	32250	2020	9910	661
340	300	13	174	137	36940	2170	9910	661
360	300	14	192	150	45120	2510	10810	721
380	300	14	194	153	50950	2680	10810	721
400	300	14	209	164	60640	3030	11710	781
425	300	14	212	166	69480	3270	11710	781
450	300	15	232	182	84220	3740	12620	841
475	300	15	235	185	95120	4010	12620	841
1000	300	19	400	314	644700	12900	16280	1080

Tab. 31. Belag-Eisen

h mm	a mm	b mm	d mm	F cm²	G kg	J_x cm⁴	W_x cm³	J_y cm⁴
43	30	110	3	5,01	3,93	12,1	5,21	55,6
60	38	140	3,5	9,33	7,32	47,3	15,6	164
75	45,4	170	4	13,2	10,4	107	28,1	347
90	53	200	4,5	17,9	14,1	207	46,1	651
110	63	240	5	24,2	19,0	420	75,9	1270

Tab. 32. Drahtseile — kg-Bruchf.

$\sigma_B = 130{-}140$ kg/mm², 8fache Sicherheit

Litzen zahl	Draht zahl	Draht d mm	Seil d mm	F mm²	Gew. kg/m	130	180	kg b. Spreizwinkel d	0°	90°	120°	kg b. Spreizwinkel d	0°	90°	120°
6	114	0,4	6,5	14,3	1,135	1860	2570	10	530	370	270	28	5000	3500	2500
		0,5	8	22,4	0,21	2910	4030	12	820	570	400	30	6000	4200	3000
		0,6	9,5	32,2	0,30	4190	5800	14	1000	700	500	33	7200	5050	3600
		0,7	11	43,9	0,41	5700	7900	16	1200	840	600	35	8000	5600	4000
		0,8	13	57,3	0,54	7450	10310	18	1500	1050	750	38	9500	6650	4700
		1,0	16	89,4	0,84	11620	16090	20	2000	1400	1000	40	10500	7350	5200
		1,2	19	128,9	1,22	16760	23300	22	2400	1600	1200	45	12000	8400	6000
		1,3	20	151,3	1,43	19670	27230	24	3200	2250	1600	50	14000	9800	7000
		1,4	22	175,5	1,66	22820	31590	26	4000	2800	2000				

Tab. 33 Hanfseile in kg b. 8 fach. Sicherheit

d	Spreizwinkel 0°	90°	120°
13	130	90	60
16	200	140	100
18	250	175	125
20	300	210	150
23	400	280	200
26	500	350	250
29	600	420	300
36	1000	700	500
39	1200	840	600
46	1600	1120	800
52	2100	1450	1000
60	2400	1700	1200
70	2800	2000	1400
80	3300	2300	1600
90	4100	2900	2000
100	5100	3600	2500

Tab. 34 Ketten, kalibr.

Draht d	Glied b	l	Last kg	Gew. k/m
5	8	18,5	175	0,5
6	8	18,5	250	0,72
7	8	22	350	1
8	9,5	24	500	1,3
9,5	11	27	750	1,9
11	13	31	1000	2,7
13	16	36	1500	3,75
16	19	45	2500	5,8
19	23	53	3500	8
23	28	64	5000	12

Tab. 35 Triebwellen, Leistung und Durchmesser mm

Umdrehungen n je Minute

N PS	40	60	80	100	120	140	160	180	200	225	250	300	400
1	50	45	45	40	40	35	35	35	35	35	35	30	30
2	60	55	50	50	45	45	40	40	40	40	40	35	35
3	65	60	55	50	50	50	45	45	45	45	40	40	40
4	70	65	60	55	55	50	50	50	50	45	45	45	40
5	75	65	60	60	55	55	55	50	50	50	50	45	45
6	75	70	65	60	60	55	55	55	50	50	50	50	45
8	85	75	70	65	65	60	60	55	55	55	55	50	50
10	85	80	75	70	65	65	60	60	60	55	55	55	50
12	90	85	75	75	70	65	65	65	60	60	60	55	50
14	95	85	80	75	75	70	70	65	60	60	60	60	55
15	95	85	80	75	75	70	70	65	65	65	60	60	55
16	100	90	85	80	75	70	70	70	65	65	65	60	55
18	100	90	85	80	75	75	70	70	70	65	65	60	60
20	105	95	85	85	80	75	75	70	70	70	65	65	65
25	110	100	90	85	85	80	80	75	75	70	70	70	65
30	115	105	95	90	85	85	80	80	75	75	70	70	70
35	120	105	100	95	90	85	85	80	80	80	75	75	75
40	120	110	105	100	95	90	85	85	80	80	80	75	75
45	125	115	105	100	95	95	90	85	85	85	80	80	75
50	130	115	110	105	100	95	90	90	85	85	85	80	80
55	130	120	110	105	100	95	95	90	90	85	85	85	80
60	135	120	115	110	105	100	95	95	90	90	85	85	85
65	140	125	115	110	105	100	100	95	95	90	90	85	85

d cm	M_t cm kg	$\frac{N}{n}$	d cm	M_t cm kg	$\frac{N}{n}$	d cm	M_t cm kg	$\frac{N}{n}$
3	650	0,009	6	5180	0,072	9	17 500	0,240
3,5	1030	0,014	6,5	6590	0,092	10	24 000	0,330
4	1530	0,020	7	8230	0,114	12	41 450	0,576
4,5	2180	0,030	7,5	10120	0,140	14	65 856	0,915
5	3000	0,042	8	12300	0,170	16	98 304	1,365
5,5	3990	0,055	8,5	14700	0,205	20	192 000	2,660

Tab. 36 Längskeile für Triebwellen Maße in mm!

Tangentialkeil

Wellen d	Nutenkeil b	h	o	u	Flachkeil b	h	Hohlkeil b	h	Wellen d	h	h	Wellen d	b	h
10÷12	4	4	1,5	2,5					60	19,3	7	220	57,1	16
12÷16	5	5	2	3					70	21	7	230	58,5	16
17÷21	6	6	2,5	3,5					80	24	8	240	59,9	16
22÷29	8	7	3	4	8	4	8	3	90	25,6	8	250	64,6	18
30÷37	10	8	3,5	4,5	10	5	10	3,5	100	28,6	9	260	66	18
38÷43	12	8	3,5	4,5	12	5	12	3,5	110	30,1	9	270	67,4	18
44÷50	14	9	4	5	14	5	14	4	120	33,2	10	280	72,1	20
51÷57	16	10	5	5	16	6	16	5	130	34,6	10	290	73,5	20
58÷67	18	11	5	6	18	7	18	5	140	37,7	11	300	74,8	20
68÷77	20	12	6	6	20	8	20	6	150	39,1	11	320	81	22
78÷91	24	14	7	7	24	9	24	7	160	42,1	12	340	83,6	22
92÷109	28	16	8	8	28	10	28	8	170	43,5	12	360	93,2	26
110÷129	32	18	9	9	32	11	32	9	180	44,9	12	380	95,9	26
130÷149	36	20	10	10	36	13	36	10	190	49,6	14	400	98,6	26
150÷169	40	22	11	11	40	14	—	—	200	51	14	420	108,2	30
200÷229	50	28	14	14	50	18	—	—	210	52,4	14	440	110,9	30

Tab. 37   Schrauben-Tabelle.   Metrisches Gewinde.   Maße in mm

Gew. d	Kern d	Gang Höhe	Gang Steigung	Kopf-Höhe Sechskant	Kopf-Höhe Zylinder	Kopf-Höhe Senk	Muttern-Höhe Sechskant hoch	Muttern-Höhe flach	Muttern-Höhe Zylinder der	Schlüsselweite	DIN 433 d	DIN 433 h	DIN 125 d	DIN 125 h
1	0,65	0,25	0,174			0,7	0,6		1		2,5	0,3		
1,2	0,85	0,25	0,174			0,8	0,7		1,2		3	0,3		
1,4	0,98	0,3	0,208			1	0,8		1,4		3	0,3		
1,7	1,21	0,35	0,243	1,2	1,2	1,1	1,4	1	1,7	3,5	4	0,4	4,5	0,3
2	1,44	0,4	0,278	1,4	1,4	1,2	1,6	1,2	2	4	4,5	0,5	5,5	0,5
2,3	1,74	0,4	0,278	1,6	1,6	1,3	1,8	1,2	2	4,5	5	0,5	6	0,5
2,6	1,97	0,45	0,313	1,8	1,8	1,4	2	1,6	2,2	5	5,5	0,5	7	0,5
3	2,30	0,5	0,347	2	2	1,5	2,4	1,6	2,5	5,5	6	0,5	8	0,5
3,5	2,67	0,6	0,417	2,4	2,4	1,5	2,8	2	3	6	7	0,5	9	0,5
4	3,03	0,7	0,486	2,8	2,8	1,75	3,2	2	3,5	7	8	0,5	10	0,8
5	3,89	0,8	0,556	3,5	3,5	2,3	4	2,5	4,2	9	10	0,8	12	1
6	4,61	1	0,695	4,5	4	2,3	5	3	5	10	11	0,8	14	1,5
8	6,26	1,25	0,868	5,5	5	2,8	6,5	4	6,5	14	15	1,5	18	2
10	7,92	1,5	1,042	7	6	3,4	8	5	8	17	18	2	22	2,5
12	9,57	1,75	1,215	8	7		9,5		10	19	20	2	28	3
14	11,22	2	1,389	9	8		11		10	22	25	2	28	3
16	13,22	2	1,389	10,5	9		13		12	24	27	2	34	3
18	14,53	2,5	1,736	12	10		15		13	27	30	3	40	4
20	16,53	2,5	1,736	13	11		16		14	30	33	3	40	4
22	18,53	2,5	1,736	14	12		17			32			45	4
24	19,83	3	2,084	15	13		18			36			45	4
27	22,83	3	2,084	17	15		20			41			52	5
30	25,14	3,5	2,431	19	16		22			46			58,5	5
36	30,44	4	2,431	23	20		28			55			68	6
42	35,75	4,5	3,125	26	—		32			65			80	7
48	41,05	5	3,473	30	—		38			75			92	8

(DIN 125 in Spalten 14/15)

Tab. 38   Schrauben-Tabelle, Whitworth-Gew., Maße i. mm

Gew. d Zoll	mm	Kern d	Steigung	Kopf h	Schlüsselweite	Mutter h	Scheiben d	h	σz 480	σ 600
1/4	6,35	4,72	1,27	4	13	6	14	1,5	85	105
5/16	7,94	6,13	1,411	6	16	8	18	2	140	175
3/8	9,52	7,49	1,588	7	19	10	22	2,5	210	265
7/16	11,11	8,79	1,814	8	21	11	—	—	290	365
1/2	12,70	9,99	2,117	9	23	13	28	3	375	470
5/8	15,87	12,92	2,309	11	27	16	34	3	630	785
3/4	19,05	15,80	2,540	13	33	19	40	4	940	1175
7/8	22,22	18,61	2,822	15	36	22	45	4	1305	1630
1	25,40	21,33	3,175	18	40	25	52	5	1715	2145
1 1/8	28,57	23,93	3,629	20	45	29	58	5	2160	2700
1 1/4	31,75	27,10	3,629	22	50	32	62	5	2770	3460
1 3/8	34,92	29,50	4,233	24	54	35	68	6	3280	4100
1 1/2	38,10	32,68	4,233	27	58	38	75	6	4030	5030
1 5/8	41,27	34,77	5,080	29	63	41	80	7	4560	5700
1 3/4	44,45	37,94	5,080	32	67	44	85	7	5430	6780
1 7/8	47,62	40,40	5,645	34	72	48	82	8	6150	7690
2	50,80	43,57	5,645	36	76	51	98	8	7160	8950
2 1/4	57,15	49,02	6,350	40	85	57	105	9	9060	11350
2 1/2	63,50	55,37	6,350	45	94	64	120	9	11560	14450
2 3/4	69,85	60,35	7,257	49	103	70	130	10	13820	17280
3	76,20	66,90	7,257	53	112	76	135	10	16870	21090
3 1/4	82,55	72,57	7,816	58	121	83	150	12	19850	24820
3 1/2	88,90	78,92	7,816	62	130	89	160	12	23480	29350
3 3/4	95,25	84,40	8,467	67	138	95	165	12	26860	33570
4	101,6	90,758	8,467	71	147	102	180	14	31050	38810
6	152,40	139,39	10,16	106	218	122	270	18	73250	91560

Tab. 39   Rohrgewinde, Whitworth-Gew.

Licht Rohr d	Gew. d mm	Kern d mm	Gangzahl je Zoll
1/8	9,73	8,57	28
1/4	13,16	11,45	19
3/8	16,66	14,95	19
1/2	20,96	18,63	14
5/8	22,91	20,59	14
3/4	26,44	24,12	14
7/8	30,20	27,88	14
1	33,25	30,29	11
1 1/4	41,91	38,95	11
1 1/2	47,81	44,85	11
1 3/4	53,75	50,79	11
2	59,62	56,66	11
2 1/4	65,71	62,76	11
2 1/2	75,19	72,23	11
2 3/4	81,54	78,58	11
3	87,89	84,93	11
3 1/4	93,98	91,03	11
3 1/2	100,33	97,38	11
3 3/4	106,68	103,73	11
4	113,03	110,08	11
5	138,47	135,48	11
5 1/2	151,14	148,18	11
6	163,84	160,88	11
18	474,49	470,42	8

Tab. 40 Fallhöhen für v in m/s; $h = v^2 : 2g$ ohne Luftwiderstand   **Tab. 41** Fallgeschwindigkeiten für h/m ohne Luftwiderstand. $v = \sqrt{2gh}$

v	h/m	v	h/m	v	h/m	h/m	v/ms	h/m	v/ms	h/m	v/ms
1	0,051	60	183,49	400	8155	1	4,43	15	17,16	150	54,25
5	1,274	70	249,75	450	10320	2	6,264	20	19,80	200	62,64
10	5,097	80	326,2	500	12742	3	7,672	25	22,15	300	76,72
15	11,468	90	412,8	550	15418	4	8,859	30	24,26	400	88,59
20	20,388	100	509,7	600	18348	5	9,904	40	28,01	500	99,05
25	31,855	150	1147	650	22880	6	10,85	50	31,32	600	108,5
30	45,871	200	2038,7	700	24974	7	11,72	60	34,31	700	117,2
35	62,436	250	3185,5	800	32620	8	12,53	70	37,06	800	125,3
40	81,549	300	4587,1	900	41285	9	13,29	80	39,62	900	132,9
50	127,42	350	6243,6	1000	50968	10	14,00	100	44,3	1000	140,1

Tab. 42   Zuggeschwindigkeit ohne Luftwiderstand: m/Sekunde bei km/Stunde

km/h	m/s	km/h	m/s	km/h	m/s	km/h	m/s	km/h	m/s	km/h	m/s
1	0,2778	9	2,500	45	12,50	85	23,6	150	41,7	230	64,0
2	0,5556	10	2,777	50	13,4	90	25,0	160	44,5	240	66,6
3	0,833	15	4,178	55	15,28	95	26,4	170	47,3	250	69,5
4	1,112	20	5,56	60	16,66	100	27,8	180	50,0	300	83,3
5	1,340	25	6,95	65	18,06	110	30,6	190	52,8	500	134
6	1,666	30	8,33	70	19,44	120	33,3	200	55,6	600	166,6
7	1,944	35	9,73	75	20,83	130	36,2	210	58,3	800	222
8	2,220	40	10,02	80	22,20	140	38,9	220	61,1	1000	277,7

Tab. 43   Winkelgeschwindigkeiten w für n-Umdrehungen in m/s

n	w	n	w	n	w	n	w	n	w	n	w
10	1,0472	150	15,708	700	73,30	1700	178,02	2700	282,74	3700	387,46
20	2,0944	200	20,944	800	83,78	1800	188,50	2800	293,22	3800	397,94
30	3,1416	250	26,180	900	94,25	1900	198,97	2900	303,69	3900	408,41
40	4,1888	300	31,416	1000	104,72	2000	209,44	3000	314,16	4000	418,88
50	5,2360	350	36,652	1100	115,19	2100	219,91	3100	324,63	4200	439,82
60	6,2832	400	41,888	1200	125,64	2200	230,38	3200	335,10	4400	460,77
70	7,3304	450	47,124	1300	136,14	2300	240,86	3300	345,58	4600	481,71
80	8,3776	500	52,360	1400	146,61	2400	251,33	3400	356,05	4800	502,65
90	9,4248	550	57,596	1500	157,08	2500	261,80	3500	366,52	5000	523,60
100	10,472	600	62,832	1600	167,55	2600	272,27	3600	376,99	6000	628,32

Tab. 44   Maße und Gewichte   (Je Einheit = abgerundete Werte)

	Deutschland (Metr.)	USA und Großbritannien	Rußland (Metr.)
Länge	Faden = 1,883 m	inch in = 2,54 cm (Zoll)	liniia = 2,54 mm
	Kabel = 185 m	foot ft = 12 inches = 30,48 cm	diuim = 2,54 cm
	Meile = 7,42 km	yard yd = 3 feet = 91,44 cm	arschin = 0,7112 m
	„ See- = 1,852 km	mile m = 1760 yards = 1609,33 m	Werst = 1,0668 km
	„ Welt- = 1,852 km	knot, naut. mile=6880 feet=1853 m	Meile = 7,4676 km
Fläche	1 m² = 10000 cm²	sq. foot = 144 sq. in = 929,01 cm²	Werschock = 19,758 cm²
	Hektar = 100 Ar	sq. yard = 9 sq. feet = 8361,12 cm²	arschin = 0,5058 m²
	Ar = 100 m²	sq. mile = 640 acres = 2,59 km²	saschehn = 4,552 m'
	Morgen = 2553 m²	yard of land = 30 acres = 1,214 ha	Fuß = 92,9 dm²
	Meile = 7,42 km	hide of land = 100 acres = 40,468 ha	Werst = 1,138 km²
Raum	Liter = 1000 cm³	cub ft = 1728 cub in = 28316 cm³	Wersch. = 87,824 cm³
	„ Hekto = 100 l	cub yd = 27 cub feet = 0,76 m³	arschin = 0,3597 m³
	Tonne = 2,198 hl	pint pt. = 4 gills = 0,57 l	saschehn = 9,7127 m³
	„ Schiffs- = 2,12 m³	quart = 2 pints = 1,13 l	botschka = 40 wedro
	Klafter = 3,338 cm³	gallon gal. = 4 quarts = 4,54 l	zu 100 techarko = 4,919 hl
Gewicht	kg = 1000 g	grain gr = 389 g; dram = 1,77 g	pud zu 40 Pfund zu
	Hektogramm = 100 g	ounce = 28,35 g; pound = 453,6 g	32 lot zu 3 solotnik
	Tonne = 1000 kg	stone = 6,35 kg; ton = 1016,04 kg	zu 96 dolja zu 16,38 kg
	Karat = 0,2051 g	hundredweight = 50,802 kg	Tonne = 1015,5 kg

Tab. 45 — Spezifische Gewichte für Metalle

Aluminium . .	2,699	Gold gegossen.	19,25	Rotguß . .	8,56-8,9
„ gehämmert	2,75	Gußeisen . .	7,25	Selen metal. .	4,8
„ gegossen .	2,56	Kupfer gew. .	8,99	Silber geg. . .	10,42-10,5
„ amerik.Leg.	2,3-3,1	Magnesia . . .	3,2	„ geh. . .	10,5-10,6
„ deutsche „	3	Manganit . .	4,3-4,4	Silicium . . .	2,33
„ -Kokillen .	2,73	Messing. gew..	8,5-8,6	Silumin . . .	2,5-2,9
Bauxit	2,4-2,6	Neusilber . .	8,5	Spritzguß-Leg.	2,6-2,65
Blei	10,64	Nickel geg. . .	8,35	Temperguß . .	7,2-7,6
Bronze 6-20%	8,7-8,9	Platin ged. . .	14-19	Wolframit . .	7,2-7,5
Duralumin . .	2,75-2,87	„ geg.	21,15	„ -Stahl . .	8,2
Eisen . . .	7-7,8	„ -Iridium. .	21,6	Zink geg. . .	6,86
Gold gedieg. .	15,6-19,4	Quecksilber. .	13,5457	Zinn geg. . .	7,2

Tab. 46 — Spezifische Gewichte für Nichtmetalle

Asbest . . .	2,1-2,8	Hartgewebe. .	1,42	Sandstein. . .	2,59-2,71
„ -pappe . .	1,2	Kautschuk, roh	0,91-0,93	Schamottstein.	1,7-1,9
Cellon	1,3	Knochen . . .	1,7-2,0	Schellack . .	1,2
Celluloid . . .	1,38	Kork. . . .	0,2-0,35	Schiefer . . .	2,65-2,70
Eisengummi .	1,4-1,7	Kunstseide . .	1,25-1,60	Steatit	2,35-2,68
Elfenbein. . .	1,83-1,92	Leder trock. .	0,86	Steinkohle . .	1,2-1,5
Fette	0,91-0,96	„ gefettet	1,02	Talk	2,6-2,8
Galalith . . .	1,3-1,4	Linoleum . .	1,1	Tenacit. . . .	1,6-2,3
Gips gebr. . .	1,81	Papier, Lösch-	0,83	Ton trocken .	1,6
Glas	2,4-3,0	„ Druck- .	0,970	„ naß . . .	2,0
Glimmer . . .	2,6-3,2	Paraffin . . .	0,86-0,92	Trolit	1,4-1,7
Graphit . . .	2-2,5	Porzellan . .	2,45	Trolitul . . .	1,05
Gummi. . . .	0,91-0,93	Preßspan . . .	1,2-1,4	Vulkanfiber. .	1,1-1,45
Guttapercha .	1,02	Preßzell . . .	1,3-1,5	Wachs	0,98-1,04
Hartgummi .	1,15-1,7	Preßkohle . .	1,25	Wolle	1,3-1,4
Hartholz . .	1,2-1,4	Quarzglas . .	2,2	Zement, frisch	3,1-3,2
Hartpapier . .	1,42	Sandkies . . .	1,4-1,6	Ziegel	2,6-2,7

Tab. 47 — Spezifische Gewichte für Flüssigkeiten bei 15°C

Äther	0,74 (0°)	Milch	1,03	Schwefels.rauch.	1,834
Alkohol . . .	0,7946	Natronlauge .	1,7	schweflg. Säure	1,46
Benzin	0,798	Petroleum . .	0,76-0,86	Seewasser . .	1,02-1,03
Benzol	0,9	Rizinusöl . . .	0,959	Teer, Steink. .	1,1-1,2
Glyzerin . . .	0,89-0,98	Salpeters. 91%	1,512	Terpentin. . .	0,87
Karbolsäure .	0,96	Salzsäure . .	0,908	Wasser . . .	1,00 (0°)

Tab. 48 — Spezifische Gewichte für Gase rel. Gew. Luft = 1

Ätherdampf .	2,55	Leuchtgas . .	0,34-0,45	schwefel. Säure	2,250
Alkohol . . .	1,59	Luft	1,0	Schwefel-	
Ammoniak . .	0,5966	Salzsäure . .	1,25	wasserstoff .	1,190
Chlor	2,491	Sauerstoff . .	1,105	Stickstoff. . .	0,971
Kohlenoxyd .	0,968	Schwefelkohlen-		Wasserdampf .	0,622
Kohlensäure .	1,520	stoffdampf .	2,644	Wasserstoff . .	0,0695

Tab. 49 — Gewichte geschichteter Körper in kg/m³

Asche	900	Holz, Buche .	400	Schotter . . .	1300-1500
Beton	2400	„ Eiche .	420	Steinkohle . .	900
Braunkohle . .	750	„ Fichte .	320	Steink.-Brikett	bis 1200
Brikett gesch..	780	Kalk naß . .	2000	„ -Koks .	500
„ gesetzt . .	1080	„ trocken .	1000	Stroh	45
„ runde . .	820	Lehm naß . .	1900	„ gepreßt .	280
Erde Damm . .	1400	„ trocken .	1500	Ton naß . . .	2000
„ nat. feucht	1600	Mörtel, Kalk-	1700	„ trocken .	1600
Formsand gesch.	1200	Papier	1100	Wolle lose . .	450
„ gestampft	1650	Sand trocken .	1500-1650	„ gepreßt .	1300
Gips gerüttelt.	1000-1400	„ naß . .	2100	Zement lose .	1200
Hausmüll. . .	660	Schlacke, Kohl.-	1000	„ gerüttelt .	1900
Holzkohle . .	200-400	Schlamm . . .	1800	Zucker	750

Tab. 50 Windgeschwindigkeit | Tab. 51 Festgelegte Winddrucke, kg/m²

Tab. 50 Windgeschwindigkeit

	Geschw. m/s	Stau-druck kg/m²	Winddr. stets kg/m²
Windstille	0,0-0,5	0,0-0,02	0,0-0,02
leichter Zug	0,6-1,7	0,03-0,2	0,03-0,2
leichte Brise	1,3-3,3	0,3-0,7	0,3-0,9
schwache „	3,4-5,2	0,8-1,7	1,0-2,2
mäßige „	5,3-7,4	1,8-3,5	2,3-4,5
frische „	7,5-9,8	3,6-6,1	4,6-7,9
starker Wind	9,9-12,4	6,2-9,9	8,1-12,6
steifer „	12,5-15,2	9,9-14,6	12,8-19
Sturmwind	15,2-18,2	14,8-20,9	19,2-27,2
Sturm	18,3-21,5	21,9-29,2	27,3-38
schwer.Sturm	21,6-25,1	29,3-39,8	38,5-51,8
orkanart. „	25,1-29	40,1-53,2	52-69,1
Orkan	über 29	über 53,2	über 69,1

Tab. 51 Festgelegte Winddrucke, kg/m²

Wandteile bis		Wand u. Dächer	
15 m h	100	> 25 m h	150
„ 15-25 m h	125	Masten u. Holz-	
Dächer bis 25 m h	125	gerüste	150
		Freist. Gebäude	÷ 250

Tab. 52 Spezifische Wärme für Nichtmetalle 20° in kcal/kg°

Asbest	0,19	Glas, Flint	0,115
Bakelit	0,38	„ . Quarz	0,174
Beton	0,21	Graphit	0,20
Gips	0,26	Hartgummi	0,34
Glimmer	0,20	Holz, Eiche	0,57
Glas 16III	0,186	„ . Fichte	0,65
Glas 59III	0,189	Marmor	0,19
„ spiegel	0,183	Porzellan	0,19
„ kron	0,169	Schiefer	0,18

Tab. 53 Spezifische Wärme f. Legierungen

Bronze,Al.-	0,100
„ Glocken	0,084
„ Phosph.	0,086
Duralumin.	0,218
Gußeisen	0,129
Stahl V 2 A	0,114
„ Nickel-	0,121
Rotguß	0,090

Tab. 54 Wärmeeigenschaften für Metalle (z.B. $0.0_4343 = 0,0000343$)

Metalle	Ausdehn.-Zahl α $0÷-190°$	$0÷100°$	Schm.punkt in °	Leitzahl	spez. Wärm cal/g
Aluminium	$-0,0_4343$	$0,0_4238$	658	197	0,217
Beryllium	$-$ „ 343	„ 123	1278		0,442
Blei	$-$ „ 508	„ 290	327,3	30	0,031
Cadmium		„ 297	320,9		0,056
Eisen tech.	$-$ „ 165	„ 123	1530	~45	0,111
Gold	$-$ „ 248	„ 142	1063	267	0,030
Kobalt		„ 181	1490	67	0,096
Kupfer	$-$ „ 265	„ 165	1083	300	0,093
Magnesium	$-$ „ 401	„ 260	650	50	0,247
Mangan		„ 028	1250	60	0,119
Messing	$-$ „ 311	„ 184		96	0,092
Nickel	$-$ „ 189	„ 130	1455	60	0,108
Platin	$-$ „ 151	„ 090	1773	27	0,032
Silber	$-$ „ 322	„ 195	960,5	360	0,056
Silicium		„ 078	1410		0,177
Wismut		„ 135	271	13	0,032
Wolfram	$-$ „ 073	„ 045	3380	60	0,032
Zink	$-$ „ 185	„ 165	419,4	97	0,093
Zinn	$-$ „ 424	„ 267	231,9	14	0,055

Tab. 55 Wärmeeigenschaften für Flüssigkeiten

Flüssigkeiten	Schmelz-punkt in °	Siede-punkt in °	spez. Wärme kcal/kg	Ausd.-Zahl β
Aceton	— 94,3	56,1	0,516	0,00143
Benzol	+ 5,5	80,1	0,415	0,00106
Glyzerin	+ 18,0	290	0,58	0,00050
Methylalk.	— 98	64,5	0,59	0,00119
Salpeters.	— 41	86	0,41	0,00124
Schwefels.	+ 10,5	—	0,331	0,00057
Terpentinöl	— 10	160	0,43	0,00097
Wasser	0,00	100	0,999*	0,00018

Gase * für $c_p:c_v$	Molekul Gew.	G.Konst. R	spW* k/kg	m³
Ammoniak	17,03	49,76	1,31	0,7
Azetylen	28,05	32,5	1,26	1,066
Kohlenoxyd	28,08	30,25	1,40	1,148
Luft	29,27	29,26	1,40	1,188
Sauerstoff	32,00	26,5	1,40	1,312
Schweflg. S.	64,06	13,42	1,27	2,627
Stickstoff	28,016	20,25	1,40	0,97
Wasserdampf	18,02	47,06	1,28	0,738
Wasserstoff	2,016	420,75	1,41	0,0696

Tab. 56 Glühfarben und Anlaßfarben °C

dunkelrot	700
kirschrot	900
hellrot	1000
dunkelorange	1100
hellorange	1200
weißglühend	1300
Schweißhitze	1450
blaßgelb	220
strohgelb	232
goldgelb	243
purpur	250
violett	266
dunkelpurpur	278
hellblau	293
dunkelblau	316

Tab. 57 Längenschwindmaße in %

Aluminium	1,7-1,8	Messing	1,5-1,8
„ -Bronze	1,65	Rotguß	1,5
„ amerik.Leg.	1,2-1,4	Schm.-Guß	1,5
„ deutsche „	1,36-1,5	Stahlguß	0,8-2
„ KS Seew.	1,0-1,5	Zink	1,6
„ Silumin	1,15	Zinn, Sandg.	0,225
Blei, Lagerm.	0,50	„ Kok.-Guß	0,695
„ Bronze	1,09-1,51	Ebenholz ‖	0,010
Bronze 10% Sn	0,77	Eiche, alt	0,180
„ 20% Sn	1,54	Esche, alt ‖	0,187
Elektron	1,2-1,6	Fichte	0,076
Grauguß	1,0-1,1	Linde	0,208
Hartguß	1,50	Mahagoni	0,110
Kupfer	1,42	Rotbuche	0,200
		Weißbuche	0,400

Tab. 58 Heizwerte hw_0 kcal

Steinkohle, gut	7500
„ mittlere	6600
„ geringe	4800
„ Briketts	7750
Anthrazit	8000
Braunkohle	3600
„ Briketts	4800
Gaskoks	7000
Torf	3800
Holz	4100
„ -kohle CO₂	8000
„ -kohle CO	2470
Leuchtgas	10000
Benzol	10000
Petroleum	11000

Tab. 59. Magnetisierg.   Tab. 60. Elektrische Eigenschaften für Metalle

Tab. 59. Magnetisierg.

B	Ank.-Bl.	Stahl-guß	Guß-eisen
			2,5
1000			2,5
2000			5,0
3000		1,0	8,0
4000	1,0	1,4	12
5000	1,3	1,9	17
6000	1,7	2,4	25
7000	2,1	3,1	37
8000	2,5	3,8	56
9000	3,1	4,7	80
10000	3,9	5,7	120
10500	4,4	6,2	150
11000	5,1	6,8	170
11500	5,9	7,4	200
12000	6,8	8,2	240
12500	7,9	9	
13000	9,0	10,4	
13500	11	12,3	
14000	13	15,4	
14500	16	19,6	
15000	21	24	
15500	30	31,5	
16000	40	44	
16500	52	54	
17000	70	72	
17500	90	92	
18000	110	117	
18500	145	146	
19000	180	181	
19500	225		
20000	280		

Tab. 60. Elektrische Eigenschaften für Metalle

Stoff	Spez. Widerst. $\varrho\,\Omega\,mm^2/m$	Temperatur-koeffizient $100\,\alpha\ 20^0$	Leitfähig-keit $\varkappa$ $m/\Omega\,mm^2$	Atom-gew.	Symbol
Aluminium	0,03—0,04	0,36	34,5	26,97	Al
„ -Bronze	0,13—0,29	0,06—0,1			
Blei	0,208	0,40	5,0	207,21	Pb
Eisen	0,10—0,15	0,45		55,84	Fe
Eisenblech	0,13	0,45	8,3—7,1		
Eisenblech leg.	0,27—0,67		7,4		
Eisen, gegossen	0,6—1,6				
Gold	0,023	0,38	45	197,2	Au
Konstantan	0,49—0,51	—0,0005		.	
Kupfer, Leitg.	0,0178	0,392	58,1	63,57	Cu
„ Wicklg.	0,0172	0,392	58,1		
Manganin	0,42	$\pm$0,001		54,93	
Messingdraht	0,07—0,08	0,13—0,19			
Neusilber	0,35—0,41	0,007			
Nickel	0,09—0,11	0,44	9,0—7,5	58,69	Ni
Nickelin	0,4—0,44	0,018—0,021			
Platin	0,10—0,11	0,38—0,39	10,7	195,23	Pt
Quecksilber	0,958	0,090	1,049	200,61	Hg
Silber	0,0165	0,36	63,5	107,93	Ag
Platinsilber	0,2	0,2—0,3	5		
Stahl	0,10—0,25	0,45—0,5	8,3—7,1		Fe
Quecksilber	0,11	0,60			
Tantal	0,16	0,3	6,06	180,88	Ta
Wismut	1,2	0,4	0,9—0,7		Bi
Wolfram	0,055	0,4		183,92	W
Zink	0,063	0,37	17	65,38	Zn
Zinn	0,12	0,44	9—7	118,70	Sn
Kohlenbürste	40—75				
Graphitbürste	12—40		0,08—0,01		
Kupfer-Kohleb.	0,12—4,5				

Tab. 61.   Eigenschaften für Isolierstoffe

1) gummifreie Isolierstoffe 2) nicht Ölbestand.	spez. Gewicht	Biege-festigkeit kg/cm²	Schlag-Biege-Festigkeit cm/kg/cm²	Wärme-beständig-keit Abs. um 3 mm	Durch-schlag-Festigkeit kV/mm	relative Dielektr. Konst.	Gleichstr. Volt für 1mm Dicke
Cellon	1,2—1,3	—			18—25	5	—
Eisengummi	1,7	450—650	7—10	50—80°	9—11	—	—
Eshalit	1,7—2,2	150—500	1,4—6,6	60—300°	—	3,4	—
Glas	2,4—2,6	—	—	sehr hoch	10—40	3,4—6	690—405
Glimmer²)	2,5	—	—	—	20—30	4,7—6	4000
Hartgummi	1,2—1,5	600—1000	7—17	45—70°	3—9,7	2—3	910
Micanit²)	2,4—2,6	—	—	—	20—30	4,5—5,5	1250
Pertinax	1,3	1700	—	—	10—20	3,5—4,5	—
Porzellan	2,3—2,5	450—600	2,0—2,6	sehr hoch	10—20	5,4—6,4	—
Preßspan²)	0,8—1,3	—	—	—	10—13	2,5	940
Preßzell. Plt.	1,3—1,5	—	—	100°	25—30	—	—
„ , Form	1—1,1	—	—	100°	10—12	—	—
Quarz	2,1—2,5	—	—	sehr hoch	25	3,5—3,6	—
Repelit	1,35	—	—	—	10—25	3,5	—
Tenacit¹)	1,6—2,3	140—800	2,0—7,7	50—210°	0,7—8,5	5	—
Trolit	1,4—1,7	500	40°	—	45	5—6	—
Turbonit	1,3	1900	30—40	120—175°	10—20	3,5—4	—

Tab. 62. Leitungsdrähte für geschloss. Räume
Cu $\varrho = 0,0178$

mm²	Ω je 1000 m	zul. Amp.	Abschm. Sicherg.
0,75	23,8	9	6
1	17,8	11	6
1,5	11,85	14	10
2,5	7,13	20	15
4	4,5	25	20
6	2,9	31	25
10	1,11	43	35
16	1,105	75	60
25	0,713	100	80
35	0,51	125	100
50	0,357	160	125
70	0,254	200	160
95	0,188	240	190
120	0,148	280	225
150	0,118	325	260
185	0,096	380	300
240	0,074	450	360
310	0,057	540	430
400	0,044	640	500
500	0,036	760	600
625	0,028	880	700
800	0,022	1050	850

Tab. 63. Wicklungsdrähte
Cu $\varrho = 0,0172$

⌀	mm²	Ω je 1000 m
0,1	0,0079	2177
0,2	0,0314	548
0,3	0,077	224
0,4	0,126	136,5
0,5	0,196	88
0,6	0,283	60,8
0,7	0,385	44,8
0,8	0,527	32,6
0,9	0,636	27,1
1,0	0,785	21,8
1,1	0,95	18,1
1,2	1,13	15,2
1,3	1,33	12,9
1,4	1,54	11,15
1,5	1,77	9,72
1,6	2,01	8,55
1,7	2,27	7,58
1,8	2,545	6,75
1,9	2,835	6,08
2,0	3,142	5,48

Tab. 65. Selbstinduktion
L in Millihenry für 1000 m
Zwei parallele Leiter im Abstand a:

$$L = l\left(1 + 4 \ln \frac{d \cdot r}{r}\right)$$

Draht ⌀ mm	α in cm		
	25	50	75
0,5	2,584	2,862	3,024
1	2,310	2,584	2,744
1,5	2,140	2,418	2,584
2	2,034	2,310	2,840
2,5	1,940	2,230	2,380
3	1,868	2,140	2,300
3,5	1,810	2,088	2,258
4	1,754	2,034	2,174
4,5	1,700	1,980	2,140
5	1,664	1,942	2,104

Tab. 66. Hysteresis
Werte für η

Eisen weich	0,0015—0,0045
Stahl gegl.	0,004 —0,012
Stahl geh.	0,01 —0,025
Gußeisen	0,012 —0,016
Nickel	0,013 —0,039

Tab. 67. Hysteresis
Werte $\eta B^{1,6}$

B	$\eta =$ 0,002	0,003	0,004
1000	126,2	189,3	252,4
2000	382,5	573,8	765,1
3000	731,8	1098	1463
4000	1160	1740	2320
5000	1657	2486	3314
6000	2219	3328	4437
7000	2839	4259	5678
8000	3515	5273	7031
9000	4242	6367	8439
10000	5024	7536	10048
11000	5850	8775	11700
12000	6725	10088	13451
13000	7644	11467	15289
14000	8607	12910	17213
15000	9611	14417	19222
16000	10657	15985	21314
17000	11742	17613	23484
18000	12867	19300	25733

Tab. 64. Kabel-Belastungs-Stromstärken (+ 25°)

Querschnitt mm²	1-Ltr. bis Volt 700	2-Leiter K. bis Volt		Verseilte 3-Leiter K. bis Volt		4-Leiter K. bis Volt	
		3000	10000	3000	10000	3000	10000
1	24	—	—	—	—	—	—
1,5	31	—	—	—	—	—	—
2,5	41	—	—	—	—	—	—
4	55	42	—	37	—	34	—
6	70	53	—	47	—	43	—
10	95	70	65	65	60	57	55
16	130	95	90	85	80	75	70
25	170	125	115	110	105	100	95
35	210	150	140	135	125	120	115
50	260	190	175	165	155	150	140
70	320	230	215	200	190	185	170

Tab. 69. Nennspannungen für Maschinen DIN VDE 2

Gleichstrom			Drehstrom 50 Per./s			Einph. 16²/₃ Per.	
Betriebs-Volt	Nennspannung Generatoren	Motoren	Betriebs-Volt	Nennspannung Generatoren	Motoren	Betriebs-Volt	Nennspann.
110	115	110	125	130	125	220	M 200
220	230	220	220	230	220	380	
440	460	440	380	400	380	6000	G 6600
550	600*	—	500	525	500	15000	16500
750	825*	—	3000	3150	3000		
1100	1200*	—	6000	6300	6000	M — Motor	
1500	1650*	—	10000	10500	10000	G — Generat.	
3000	3300*	—	15000	15750	15000	* Bahngenerat.	

Tab. 68. Elektromagnet
Werte für Bleche

Art	dick mm	ε	σ	Watt/kg V 10	V 15
I	0,35	4,7	3,2	3,2	7,1
I	0,5	4,4	5,6	3,6	8,1
II	0,35	2,4	0,6	1,35	3,0

I = Dynamobl. II = hochleg. Bl.

Tab. 70 — Zinseszins: Kapital, 1000 RM. zu %

Jahr	3	3½	4	4½	5	5½	6	6½	7
1	1,030	1,035	1,040	1,045	1,050	1,055	1,060	1,065	1,070
2	1,060	1,071	1,081	1,092	1,102	0,113	1,123	1,134	1,147
3	1,092	1,108	1,124	1,141	1,157	1,174	1,191	1,207	1,225
4	1,125	1,147	1,169	1,192	1,215	1,239	1,262	1,286	1,310
5	1,159	1,187	1,216	..246	1,276	1,307	1,338	1,370	1,402
6	1,194	1,229	1,265	1,302	1,340	1,379	1,418	1,459	1,500
7	1,229	1,272	1,315	1,360	1,407	1,455	1,503	1,553	1,605
8	1,266	1,316	1,368	1,422	1,477	1,535	1,593	1,654	1,718
9	1,304	1,362	1,423	1,486	1,551	1,619	1,689	1,762	1,838
10	1,343	1,410	1,480	1,553	1,628	1,708	1,790	1,877	1,967
11	1,384	1,459	1,539	1,622	1,710	1,802	1,898	1,999	2,105
12	1,425	1,510	1,601	1,695	1,795	1,901	2,012	2,129	2,252
13	1,468	1,563	1,665	1,772	1,885	2,006	2,132	2,267	2,410
14	1,512	1,618	1,731	1,851	1,979	2,116	2,260	2,414	2,578
15	1,557	1,675	1,801	1,935	2,078	2,232	2,396	2,571	2,759
16	1,604	1,733	1,873	2,022	2,182	2,355	2,540	2,738	2,952
17	1,652	1,794	1,947	2,113	2,291	2,485	2,692	2,916	3,159
18	1,702	1,857	2,025	2,208	2,406	2,621	2,854	3,106	3,380
19	1,753	1,922	2,106	2,307	2,526	2,766	3,025	3,307	3,617
20	1,806	1,989	2,191	2,411	2,653	2,918	3,207	3,522	3,870
30	2,427	2,806	3,243	3,745	4,321	4,984	5,743	6,612	7.613
40	3,261	3,958	4,801	5,816	7,040	8,513	10,285	12,412	14,977

Tab. 71 — Tilgungsdauer in Jahren bei T.-Satz in Jahren

% Jahr	½%	¾%	1%	1½%	2%
3½	60,5	50,4	43,7	35,0	29,4
3¾	58,1	48,7	42,3	34,0	28,7
4	56,0	47,1	41,0	33,1	28,0
4¼	54,1	45,6	39,8	32,3	27,4
4½	52,3	44,2	38,7	31,5	26,8
4¾	50,7	42,9	37,7	30,8	26,2
5	49,1	41,8	36,7	30,1	25,7
6	44,0	37,7	33,4	27,6	23,8
7	40,0	34,5	30,5	25,6	22,3

% Jahr	2½%	3%	3½%	4%	5%
3½	25,5	22,5	20,2	18,3	15,4
3¾	24,9	22,0	19,8	18,0	15,1
4	24,4	21,6	19,4	17,7	15,0
4¼	23,9	21,2	19,1	17,4	14,8
4½	23,4	20,8	18,8	17,1	14,6
4¾	22,9	20,5	18,5	16,9	14,4
5	22,5	20,1	18,2	16,6	14,2
6	21,0	19,0	17,1	15,7	13,5
7	19,8	18,0	16,5	15,0	13,0

Tab. 72 — Zinsdivisortabelle
Kapital×Tage / Divisor = Zinsen in RM.

%	Div.										
⅛	288000	1	36000	2¼	16000	3½	10286	4¾	7579	6	6000
¼	144000	1¼	28800	2½	14400	3¾	9600	5	7200	7	5143
½	72000	1½	24000	2¾	13091	4	9000	5¼	6857	8	4500
¾	48000	1¾	20571	3	12000	4¼	8471	5½	6545	9	4000
		2	18000	3¼	11077	4½	8000	5¾	6261	10	3600

Tab. 73 — Trigonometrische Kreisfunktionen für alte Winkelteilung (Alt Grad)

↓	sin	tg	✕	↓	sin	tg	✕	↓	sin	tg	✕	↓	sin	tg	✕
0	0,0000	0,0000	90	23	0,3907	0,4245	67	45	0,7071	1,0000	45	67	0,9205	2,3559	23
1	0,0175	0,0175	89	24	0,4067	0,4452	66	46	0,7193	1,0355	44	68	0,9272	2,4751	22
2	0,0349	0,0349	88	25	0,4226	0,4663	65	47	0,7314	1,0724	43	69	0,9336	2,6051	21
3	0,0523	0,0524	87	26	0,4384	0,4877	64	48	0,7431	1,1106	42	70	0,9397	2,7475	20
4	0,0698	0,0699	86	27	0,4540	0,5095	63	49	0,7547	1,1504	41	71	0,9455	2,9042	19
5	0,0872	0,0875	85	28	0,4695	0,5317	62	50	0,7660	1,1918	40	72	0,9511	3,0779	18
6	0,1045	0,1051	84	29	0,4848	0,5543	61	51	0,7772	1,2349	39	73	0,9563	3,2709	17
7	0,1219	0,1228	83	30	0,5000	0,5774	60	52	0,7880	1,2799	38	74	0,9613	3,4874	16
8	0,1392	0,1405	82	31	0,5150	0,6009	59	53	0,7986	1,3270	37	75	0,9659	3,7321	15
9	0,1564	0,1584	81	32	0,5299	0,6249	58	54	0,8090	1,3764	36	76	0,9703	4,0108	14
10	0,1737	0,1763	80	33	0,5446	0,6494	57	55	0,8192	1,4282	35	77	0,9744	4,3315	13
11	0,1908	0,1944	79	34	0,5592	0,6745	56	56	0,8290	1,4826	34	78	0,9782	4,7046	12
12	0,2079	0,2126	78	35	0,5736	0,7002	55	57	0,8387	1,5399	33	79	0,9816	5,1446	11
13	0,2250	0,2309	77	36	0,5878	0,7265	54	58	0,8481	1,6003	32	80	0,9848	5,6713	10
14	0,2419	0,2493	76	37	0,6018	0,7536	53	59	0,8572	1,6643	31	81	0,9877	6,3138	9
15	0,2588	0,2679	75	38	0,6157	0,7813	52	60	0,8660	1,7321	30	82	0,9903	7,1154	8
16	0,2756	0,2867	74	39	0,6293	0,8098	51	61	0,8746	1,8041	29	83	0,9926	8,1444	7
17	0,2924	0,3057	73	40	0,6428	0,8391	50	62	0,8830	1,8807	28	84	0,9945	9,5144	6
18	0,3090	0,3249	72	41	0,6560	0,8693	49	63	0,8910	1,9626	27	85	0,9962	11,430	5
19	0,3256	0,3443	71	42	0,6691	0,9004	48	64	0,8988	2,0503	26	86	0,9976	14,301	4
20	0,3420	0,3640	70	43	0,6820	0,9325	47	65	0,9063	2,1445	25	87	0,9986	19,081	3
21	0,3584	0,3839	69	44	0,6947	0,9657	46	66	0,9136	2,2460	24	88	0,9994	28,636	2
22	0,3746	0,4040	68									89	0,9999	57,290	1
✕	cos	cotg	↑	✕	cos	cotg	↑	✕	cos	cotg	↑	✕	cos	cotg	↑

Tab. 74. Gewöhnliche (Briggische) Logarithmen: Mantissen

System: ^{10}log 0,26 = lg 26 oder 0,26 = $10^{0,415-1}$ = $10^{0,415} \cdot 10^{-1}$
^{10}log 260 = lg 260 oder 260 = $10^{0,415+2}$ = $10^{0,415} \cdot 10^{2}$

Beispiele:

lg 0,00026 = 0,415–4	lg 0,026 = 0,415–2	lg 2,6 = 0,415	lg 260 = 2,415
lg 0,0026 = 0,415–3	lg 0,26 = 0,415–1	lg 26 = 1,415	lg 2600 = 3,415

n	0	1	2	3	4	5	6	7	8	9
100	0000	0004	0009	0013	0017	0022	0026	0030	0035	0039
101	0043	0048	0052	0056	0060	0065	0069	0073	0077	0082
102	0086	0090	0095	0099	0103	0107	0111	0116	0120	0124
103	0128	0133	0137	0141	0145	0149	0154	0158	0162	0166
104	0170	0175	0179	0183	0187	0191	0195	0199	0204	0208
105	0212	0216	0220	0224	0228	0233	0237	0241	0245	0249
106	0253	0257	0261	0265	0269	0273	0278	0282	0286	0290
107	0294	0298	0302	0306	0310	0314	0318	0322	0326	0330
108	0334	0338	0432	0346	0350	0354	0358	0362	0366	0370
109	0374	0378	0382	0386	0390	0394	0398	0402	0406	0410
110	0414	0418	0422	0426	0430	0434	0438	0441	0445	0449
11	0414	0453	0492	0531	0569	0607	0645	0682	0719	0755
12	0792	0828	0864	0899	0934	0969	1004	1038	1027	1106
13	1139	1173	1206	1239	1271	1303	1335	1367	1399	1430
14	1461	1492	1523	1553	1584	1614	1644	1673	1703	1732
15	1761	1790	1818	1847	1875	1903	1931	1959	1987	2014
16	2041	2068	2095	2122	2148	2175	2201	2227	2253	2279
17	2304	2330	2355	2380	2405	2430	2455	2480	2504	2529
18	2553	2577	2601	2625	2648	2672	2695	2718	2742	2765
19	2788	2810	2833	2856	2878	2900	2923	2945	2967	2989
20	3010	3032	3054	3075	3096	3118	3139	3160	3181	3201
21	3222	3243	3263	3284	3304	3324	3345	3365	3385	3404
22	3424	3444	3464	3483	3502	3522	3541	3560	3579	3598
23	3617	3636	3655	3674	3692	3711	3729	3747	3766	3784
24	3802	3820	3838	3856	3874	3892	3909	3927	3945	3962
25	3979	3997	4014	4031	4048	4065	4082	4099	4116	4133
26	4150	4166	4183	4200	4216	4232	4249	4265	4281	4298
27	4314	4330	4346	4362	4378	4393	4409	4425	4440	4456
28	4472	4487	4502	4518	4533	4548	4564	4579	4594	4609
29	4624	4639	4654	4669	4683	4698	4713	4728	4742	4757
30	4771	4786	4800	4818	4829	4843	4857	4871	4886	4900
31	4914	4928	4942	4955	4969	4983	4997	5011	5024	5038
32	5051	5065	5079	5092	5105	5119	5132	5145	5159	5172
33	5185	5198	5211	5224	5237	5250	5263	5276	5289	5302
34	5315	5328	5340	5353	5366	5378	5391	5403	5416	5428
35	5441	5453	5465	5478	5490	5502	5514	5527	5539	5551
36	5563	5575	5587	5599	5611	5623	5635	5647	5658	5670
37	5682	5694	5705	5717	5729	5740	5752	5763	5775	5786
38	5798	5809	5821	5832	5843	5855	5866	5877	5888	5899
39	5911	5922	5933	5944	5955	5966	5977	5988	5999	6010
40	6021	6031	6042	6053	6064	6075	6085	6096	6107	6117
41	6128	6138	6149	6160	6170	6180	6191	6201	6212	6222
42	6232	6243	6253	6263	6274	6284	6294	6304	6314	6325
43	6335	6345	6355	6365	6375	6385	6395	6405	6415	6425
44	6435	6444	6454	6464	6474	6484	6493	6503	6513	6522
45	6532	6542	6551	6561	6571	6580	6590	6599	6609	6618
46	6628	6637	6646	6656	6665	6675	6684	6693	6702	6712
47	6721	6730	6739	6749	6758	6767	6776	6785	6794	6803
48	6812	6821	6830	6839	6848	6857	6866	6875	6884	6893
49	6902	6911	6920	6928	6937	6946	6955	6964	6972	6981

n	0	1	2	3	4	5	6	7	8	9
50	6990	6998	7007	7016	7024	7033	7042	7050	7059	7067
51	7076	7084	7093	7101	7110	7118	7126	7135	7143	7152
52	7160	7168	7177	7185	7193	7202	7210	7218	7226	7235
53	7243	7251	7259	7267	7275	7284	7292	7300	7308	7316
54	7324	7332	7340	7348	7356	7364	7372	7380	7388	7396
55	7404	7412	7419	7427	7435	7443	7451	7459	7466	7474
56	7482	7490	7497	7505	7513	7520	7528	7536	7543	7551
57	7559	7566	7574	7582	7589	7597	7604	7612	7619	7627
58	7634	7642	7649	7657	7664	7672	7679	7686	7694	7701
59	7709	7716	7723	7731	7738	7745	7752	7760	7767	7774
60	7782	7789	7796	7803	7810	7818	7825	7832	7839	7846
61	7853	7860	7868	7875	7882	7889	7896	7903	7910	7917
62	7924	7931	7938	7945	7952	7959	7966	7973	7980	7987
63	7993	8000	8007	8014	8021	8028	8035	8041	8048	8055
64	8062	8069	8075	8082	8089	8096	8102	8109	8116	8122
65	8129	8136	8142	8149	8156	8162	8169	8176	8182	8189
66	8195	8202	8209	8215	8222	8228	8235	8241	8248	8254
67	8261	8267	8274	8280	8287	8293	8299	8306	8312	8319
68	8325	8331	8338	8344	8351	8357	8363	8370	8376	8382
69	8388	8395	8401	8407	8414	8420	8426	8432	8439	8445
70	8451	8457	8463	8470	8476	8482	8488	8494	8500	8506
71	8513	8519	8525	8531	8537	8543	8549	8555	8561	8567
72	8573	8579	8585	8591	8597	8603	8609	8615	8621	8627
73	8633	8639	8645	8651	8657	8663	8669	8675	8681	8686
74	8692	8698	8704	8710	8716	8722	8727	8733	8739	8745
75	8751	8756	8762	8768	8774	8779	8785	8791	8797	8802
76	8808	8814	8820	8825	8831	8837	8842	8848	8854	8859
77	8865	8871	8876	8882	8887	8893	8899	8904	8910	8915
78	8921	8927	8932	8938	8943	8949	8954	8960	8965	8971
79	8976	8982	8987	8993	8998	9004	9009	9015	9020	9025
80	9031	9036	9042	9047	9053	9058	9063	9069	9074	9079
81	9085	9090	9096	9101	9106	9112	9117	9122	9128	9133
82	9138	9143	9149	9154	9159	9165	9170	9175	9180	9186
83	9191	9196	9201	9206	9212	9217	9222	9227	9232	9238
84	9243	9248	9253	9258	9263	9269	9274	9279	9284	9289
85	9294	9299	9304	9309	9315	9320	9325	9330	9335	9340
86	9345	9350	9355	9360	9365	9370	9375	9380	9385	9390
87	9395	9400	9405	9410	9415	9420	9425	9430	9435	9440
88	9445	9450	9455	9460	9465	9469	9474	9479	9484	9489
89	9494	9499	9504	9509	9513	9518	9523	9528	9533	9538
90	9542	9547	9552	9557	9562	9566	9571	9576	9581	9586
91	9590	9595	9600	9605	9609	9614	9619	9624	9628	9633
92	9638	9643	9647	9652	9657	9661	9666	9671	9675	9680
93	9685	9689	9694	9699	9703	9708	9713	9717	9722	9727
94	9731	9736	9741	9745	9750	9754	9759	9763	9768	9773
95	9777	9782	9786	9791	9795	9800	9805	9809	9814	9818
96	9823	9827	9832	9836	9841	9845	9850	9854	9859	9863
97	9868	9872	9877	9881	9886	9890	9894	9899	9903	9908
98	9912	9917	9921	9926	9930	9934	9939	9943	9948	9952
99	9956	9961	9965	9969	9974	9978	9983	9987	9991	9996

Umrechnung vom ln- zum lg-System und vom lg- zum ln-System:

Es ist mit $0,43429 = 1 : \ln 10$ bzw. mit $2,30259 = \ln 10$ zu multiplizieren

Beispiele: $\lg 26 = 0,43429 \cdot \ln 26 = 0,43429 \cdot 3,2581 = 1,42506$
$\ln 26 = 2,30259 \cdot \lg 26 = 2,30259 \cdot 1,4251 = 3,25816.$

1. Auflage 1947. Lizenz Nr. US-E-179. Rich. Zawadzki. geb. 24. 5. 1882 in Soest/Westf.